AF462221

LES

INTÉRÊTS DE L'AGRICULTURE

RÉPONSE

D'UN DÉPUTÉ RÉPUBLICAIN

A LA

CAMPAGNE ÉLECTORALE

de M. Pouyer-Quertier

PAR

Edmond HENRY

DÉPUTÉ DU CALVADOS

CAEN

IMPRIMERIE F. LE BLANC-HARDEL

RUE FROIDE, 2 ET 4

—

1885

LES

INTÉRÊTS DE L'AGRICULTURE

RÉPONSE

D'UN DÉPUTÉ RÉPUBLICAIN

A LA

CAMPAGNE ÉLECTORALE

de M. Pouyer-Quertier

PAR

Edmond HENRY

DÉPUTÉ DU CALVADOS

CAEN

IMPRIMERIE F. LE BLANC-HARDEL

RUE FROIDE, 2 ET 4

—

1885

LES
INTÉRÊTS AGRICOLES
EN FRANCE

Un Syndicat agricole politique.

Les adversaires des institutions républicaines ne se plaindront pas que nous nous octroyions des libertés et que nous leur en refusions. La loi votée par la dernière législature sur les syndicats vient de recevoir son application dans le Calvados, par la création d'un *Syndicat agricole*.

Je profite de l'occasion pour faire remarquer que si c'est à une Chambre républicaine que revient l'honneur d'avoir voté la première loi de protection sérieuse faite pour l'agriculture depuis 35 ans, c'est à cette même Chambre que revient aussi l'honneur d'avoir voté une loi de liberté sur les associations, grâce à laquelle on peut fonder des syndicats agricoles; si tant est que le syndicat agricole qu'on vient d'inaugurer dans le Calvados, avec une conférence de M. Pouyer-Quertier, soit une œuvre sincèrement et loyalement agricole.

C'est précisément le contraire que je me propose de démontrer; et, par une fortune singulière, la conférence de M. Pouyer-Quertier, elle-même, va me servir à faire cette démonstration.

Avant de me livrer à cette étude, je désire bien préciser la situation respective de M. Pouyer-Quertier et du Syndicat agricole du Calvados dans cette circonstance.

La conférence de M. Pouyer-Quertier.

Je connaissais la conférence de M. Pouyer-Quertier pour l'avoir déjà entendue et lue.

Malheureusement, à côté des vérités qu'elle contient, développées avec tout autant de talent, et de meilleurs arguments, par les députés républicains qui avaient déposé, en 1884, le projet de loi sur l'augmentation des droits de douane, elle renferme des exagérations et des inexactitudes matérielles. Elle a une façon de présenter les choses telle, qu'il est facile de voir que la question politique préoccupe beaucoup plus M. Pouyer-Quertier que l'agriculture elle-même.

Pour moi, je ne connais pas de manière plus dangereuse de défendre l'agriculture que celle-là. Si M. Pouyer-Quertier, député au lieu d'être sénateur, se fût jeté à la traverse du débat qui a eu lieu à la Chambre des députés, lors du vote des droits compensateurs, en employant les procédés de discussion dont il a usé, lorsqu'il a paru croire, à la salle Bertrand, à Caen, qu'ayant affaire à un auditoire de paysans il pouvait leur parler un français de fantaisie, il eût compromis peut-être le projet de loi.

Comment, en effet, ne pas se défier d'un orateur dont les assertions peuvent être redressées à chaque instant par les adversaires des droits; d'un financier qui groupe les chiffres à sa façon et néglige les statistiques préjudiciables aux gros effets politiques qu'il veut produire.

Je n'ai pas attendu pour voter le relèvement des droits, avec mes collègues républicains du Calvados, les conférences de M. Pouyer-Quertier. Mais en entendant un homme de sa valeur, un ancien ministre des finances, présenter d'une façon aussi triviale les questions économiques, et trancher d'un mot les solutions financières les plus ardues, sans croire un seul instant, bien entendu, que les choses puissent se passer ainsi, aussi rapidement surtout, je me disais avec tristesse que la politique fait faire bien des concessions à la dignité humaine.

Ce qui m'a paru le plus singulier, c'est de voir M. Pouyer-Quertier, un ancien ami de l'Empire, dont il a toujours combattu la doctrine libre-échangiste, je le reconnais, entouré sur l'estrade de tous les candidats réactionnaires de demain, ce qui donnait au prétendu syndicat agricole du Calvados sa véritable estampille politique ; c'est de voir M. Pouyer-Quertier, dis-je, essayer de mettre à la charge de la République la crise agricole actuelle en affectant de ne pas en reporter au-delà de dix ans les responsabilités.

La réaction et les souffrances de l'agriculture.

M. Pouyer-Quertier aurait dû mettre plus de réserve dans la forme et se rappeler que M. Rouher, l'incarnation de l'Empire, l'auteur des traités de 1860, a dit à la tribune, en 1881, quelque temps avant de se retirer de la vie politique :

« Je n'ai rien à regretter de mes doctrines économiques ; ce que j'ai fait, je le ferais encore. »

M. Rouher disait cela sans tenir le moindre compte des changements opérés depuis 1860 dans les conditions de l'agriculture par la concurrence des produits étrangers.

Et, quel est l'adversaire le plus acharné que les députés républicains de l'Aisne, auteurs du projet de loi sur le relèvement des droits des céréales, que nous avons voté, ont trouvé en face d'eux, lors de la discussion du mois de janvier dernier? C'est justement M. Raoul Duval, député bonapartiste de Bernay, le meilleur élève de M. Rouher.

Voilà pour les sympathies agricoles du parti bonapartiste dont certains représentants entouraient M. Pouyer-Quertier.

Me faut-il montrer maintenant le cas que le parti royaliste, dont les futurs candidats dans le Calvados l'entouraient également sur l'estrade conservatrice, fait des souffrances manifestes de l'agriculture et des moyens de la soulager ? Cela est bien facile.

Je n'ai qu'à reproduire un extrait d'un des articles dans lesquels le *Soleil*, moniteur officiel des princes d'Orléans, appréciait, au mois de septembre dernier, avec une désinvolture complète, non-seulement les droits si élevés demandés par M. Pouyer-Quertier, mais même le projet si raisonnable de la commission.

Le journal des princes d'Orléans adversaires des droits.

Le *Soleil*, Moniteur officiel des princes d'Orléans, s'exprimait ainsi le 2 septembre 1884 :

« On assiste, en ce moment, à un phé-
« nomène curieux. Le parti républicain,
« qui, lorsqu'il était dans l'opposition, sou-
« tenait les idées libre-échangistes, devient
« de plus en plus protectionniste, depuis
« qu'il est au pouvoir.

« Les mêmes hommes qui demandaient
« autrefois que la vie fût à bon marché
« veulent maintenant, au moyen de droits
« de douane, élever le prix de la viande et
« du pain, c'est-à-dire des objets de pre-
« mière nécessité.

« Ce n'est un mystère pour personne,
« en effet, que M. Ferry, secondé par son
« ami M. Méline, songe à fermer par des
« barrières aussi hautes que possible,
« l'entrée de la France aux blés améri-
« cains et russes, comme au bétail alle-
« mand, autrichien et italien.

« Et il compte, pour arriver à son but,
« sur sa fidèle majorité, qui s'est tellement

« compromise avec lui qu'elle ne peut plus « rien lui refuser. Au besoin, il lui fera « prendre d'avance l'engagement de voter « l'augmentation du prix de la viande et du « prix du pain, comme il lui a fait pren- « dre d'avance l'engagement de voter son « projet de révision.

« Le nom du nouveau contrat est tout « trouvé. Cela s'appellera le pacte de fa- « mine..... »

Ainsi donc le journal des princes orléano-légitimistes, qui ont la prétention de représenter aujourd'hui la seule royauté légitime, ne pardonnait pas aux républicains de faire ce que les principaux chefs du parti bonapartiste n'ont pas voulu faire, pas plus sous l'empire qu'après, c'est-à-dire de reconnaître que les théories économiques ne sont pas immuables et qu'on doit, patriotiquement, les modifier dans une certaine mesure, tout au moins, quand les intérêts les plus vitaux d'un pays se trouvent sérieusement compromis.

Je me ferai un devoir, pendant la période électorale, dans les réunions publiques d'arrondissement, rurales ou urbaines, où j'espère avoir le plaisir de me rencontrer avec quelques candidats réactionnaires, de lire des extraits des articles inqualiflables que le *Soleil* dirigea, au mois de septembre dernier, contre l'honorable M. Méline, alors ministre, qui préparait le relèvement des droits de douane en faveur de l'agriculture, sans se laisser arrêter un seul instant par les attaques violentes dont il était l'objet.

On a essayé de faire de la conférence de M. Pouyer-Quertier un évènement. C'est pourquoi j'ai cru devoir, en donnant les explications qui précèdent, ramener le bureau du syndicat politique agricole du Calvados et l'honorable M. Pouyer-Quertier lui-même à des sentiments plus modestes.

Il me reste à signaler maintenant les exagérations et les erreurs intéressées que renferme cette conférence.

Une mise en scène électorale.

Donc, la présence de M. Pouyer-Quertier à Caen, le 8 août, avait pour objet l'inauguration d'un syndicat agricole dans le Calvados.

« Nous ne faisons pas de politique », s'écrient en chœur les fondateurs du Syndicat. — « Je ne fais pas de politique », n'a cessé de répéter M. Pouyer-Quertier.

Mais il suffit, pour se convaincre que tout était politique dans cette mise en scène, d'avoir assisté à la conférence, d'avoir vu la composition du bureau, l'entourage de l'orateur sur l'estrade, et d'avoir entendu les allusions, les insinuations faites par lui, relativement aux responsabilités injustes auxquelles on veut faire remonter la crise agricole ; et enfin, de lui avoir entendu développer les moyens aussi instantanés qu'invraisemblables — pour un ancien ministre des finances, ayant plusieurs fois établi le budget de la France — qu'il a préconisés pour résoudre cette crise.

Je l'avoue, sans parti pris, j'ai entendu bon nombre des auditeurs de M. Pouyer-Quertier donner leur sentiment sur cette conférence, dont le public, à première vue, paraissait bien choisi pour acclamer une thèse qui fait l'objet des préoccupations du moment, à quelque opinion qu'on appartienne. — Eh bien ! pour me servir du langage humoristique parfois, trivial toujours, grammatical à l'occasion, que n'a cessé d'employer l'orateur, le sentiment général est que M. Pouyer-Quertier, par ses exagérations et la vulgarité voulue de ses expressions, a fait *un four*.

Il avait, cependant, un auditoire composé, pour les trois quarts de propriétaires réactionnaires, de fermiers, pour l'autre quart, de....... prêtres.

Je connais pour la plupart, très-personnellement, les cultivateurs présents à la conférence, et je puis affirmer à M. Pouyer-Quertier que tous comprennent le français tel que l'honorable sénateur sait le parler quand il veut.

De plus, les feuilles réactionnaires avaient cité avec affectation, quelques jours auparavant, des noms des agriculteurs et éleveurs les plus connus du Calvados. Les uns avaient donné leur nom comme on le donne à un ami qui vous demande de faire partie d'une société quelconque, moyennant une cotisation de 5 francs ; d'autres n'avaient reçu qu'une circulaire sans y répondre même. Aussi, le Syndicat, prétendu agricole, a-t-il reçu plusieurs protestations des personnes auxquelles je fais allusion, qui n'entendent nullement faire de la politique, et surtout de la politique réactionnaire sur le dos de l'agriculture.

Les devoirs de la République envers l'agriculture.

Je passe à la conférence proprement dite. Il va sans dire que, si j'adresse certaines critiques à l'orateur, c'est surtout à cause de la façon exagérée dont il prétend servir, dans un but évidemment politique, la cause de l'agriculture que j'ai défendue maintes fois dans la presse et aussi à la tribune de la Chambre des députés, et que mes collègues républicains, MM. Duchesne-Fournet, Esnault, Mauger et moi, nous n'avons cessé de servir par nos votes ou en secondant toutes les œuvres et toutes les améliorations agricoles utiles.

J'avais toujours pensé qu'il y avait deux manières de servir l'agriculture : la première en lui donnant l'égalité de traitement avec l'industrie, au point de vue des droits compensateurs lorsque la nécessité en est démontrée ;—la seconde consistant dans la réalisation de tous les progrès pouvant l'intéresser, de façon à donner dans les résultats agricoles une part à l'intelligence et à l'activité humaines, et de façon, également, à ne pas demander à ceux qui payent le plus de droits, relativement, à cause de leur nombre, c'est-à-dire à la masse ouvrière du pays, des sacrifices plus grands que ceux qu'on peut lui imposer par des droits à l'importation. S'il y a des devoirs à remplir envers l'agriculture, il y en a envers la démocratie laborieuse.

Je demande pardon à l'honorable M. Pouyer-Quertier de me mettre en cause, mais je crois pouvoir invoquer, à l'appui de la thèse que je soutiens contre le danger résultant de ses théories pour l'agriculture même, la façon dont j'ai toujours compris mes devoirs sociaux et économiques, particulièrement depuis que je suis au Parlement.

Les agriculteurs du Calvados pourront donc juger qui de nous comprend le mieux et sert le mieux les intérêts agricoles.

La suppression de l'initiative individuelle et des progrès agricoles.

Pour M. Pouyer-Quertier, tout est dans des droits énormes, qu'on peut demander d'un mot dans un discours ou dans une circulaire ; rien dans le progrès agricole, quelque nombreuses que soient les formes par lesquelles on peut le réaliser. Il est allé tellement loin dans cette thèse égoïste et funeste pour l'agriculture, — j'ai relevé toutes ses paroles par écrit, — qu'il en est arrivé à ridiculiser, presque, le perfectionnement de l'outillage agricole, les progrès obtenus grâce à nos savants et à nos Sociétés d'agriculture, l'emploi des engrais chimiques, etc.: « Les perfectionnements, s'est-il écrié, mais les Anglais ont un outillage *di primo cartello* et ils arrivent à la crise agricole. Vous avez 1,500,000 de têtes de bétail de moins—(ce qu'il faudrait prouver par parenthèse)—que vous n'aviez il y a un certain nombre d'années, et les engrais fournis par ce qui vous manque d'animaux suffiraient à remplacer (*sic*) pour vous protéger, tous les perfectionnements dont je conteste l'efficacité. »

Certainement la science et le progrès de l'outillage ne sont pas tout: car l'agriculture a à lutter également contre la température et la concurrence étrangère parfois; mais nier tout cela, au profit unique des droits de douane, qu'on peut demander d'un mot, laisser entendre qu'on peut s'arrêter dans la voie d'améliorations qui constituent aujourd'hui, quoi qu'on en dise, un véritable avantage pour le cultivateur, c'est tromper l'agriculture.

Décidément, dans cette conférence, M. Pouyer-Quertier n'a pas été plus agronome qu'il n'a été économiste et financier. C'est l'appel le plus féroce à l'égoïsme et à l'indifférence, que j'aie jamais entendu.

L'élevage.

Lorsque, pour ma part, en 1881, j'acceptai la candidature dans le Calvados, surtout pour servir les intérêts économiques de toute sorte de mon pays, beaucoup plus que pour défendre la République, assez forte pour se défendre elle-même, et qui pouvait se passer, désormais, de mes services politiques, j'eus la naïveté de croire que, pouvant être appelé à voter des droits compensateurs pour l'agriculture, c'est-à-dire une égalité de traitement avec l'industrie qui lui avait été refusée jusqu'alors, surtout sous l'Empire, je devais, avec mes collègues du Parlement, provoquer le plus de solutions utiles dans certaines branches de l'agriculture; et principalement de ces solutions qui ne coûtent pas un sou au pays et peuvent, au contraire, augmenter les ressources de l'Etat, en même temps qu'elles viennent en aide à l'agriculteur.

C'est pourquoi nous avons fait, mes amis et moi, tous nos efforts pour améliorer le service des remontes dont le fonctionnement régulier intéresse à un si haut point les départements d'élevage et l'armée; et je crois avoir contribué pour ma part à faire supprimer presque complètement les achats de chevaux étrangers. Nous avons défendu, en outre, notre département contre des prétentions rivales injustifiées et tenté d'obtenir une augmentation notable du prix du bon cheval, en faveur de laquelle les remontes elles-mêmes insistent aujourd'hui.

Une loi de police sanitaire pour les chevaux.

Nous avons également fait une campagne active en faveur d'une loi de police sanitaire, qui permît à nos éleveurs d'acheter des poulains avec beaucoup plus de sécurité, et leur évitât les pertes énormes qui résultent du cornage surtout.

Nous avons réussi, grâce à l'insistance de M. Hervé-Mangon, ministre de l'agriculture, qui a lui-même demandé la mise à l'ordre du jour, que cette loi, nécessaire depuis tant d'années et toujours oubliée, pût être votée avant la fin de cette législature.

Le développement du cornage serait d'autant plus dangereux aujourd'hui qu'il pourrait enrayer notre mouvement d'exportation de chevaux qui va grandissant, au point de dépasser de 3,500 nos importations, ce dont M. Pouyer-Quertier, qui arrêtait les chiffres fournis par lui, en 1883, n'a pas paru se douter. Cette loi, votée tout d'abord au Sénat, a été adoptée par la Chambre des députés, le samedi 2 août, si cela peut intéresser l'honorable sénateur. La loi de police sanitaire des étalons, appliquée également à une certaine catégorie de juments, comme l'ont demandé les principaux éleveurs du Calvados, sera grosse de résultats pour l'élevage.

Que M. Pouyer-Quertier ne s'y trompe pas ; il y a là de l'argent pour l'agriculture, même en dehors des droits créés ou à créer.

Un nouveau débouché. — L'entrepôt des cidres à Paris.

Nous nous sommes également occupés d'une mesure qui n'est pas moins importante à réaliser, au moment où l'on plante des pommiers de tous les côtés, même dans les pays vignobles, et dans une année surtout où l'abondance de la récolte est telle que le prix des pommes peut être avili, si on ne trouve des débouchés. Je veux parler de *l'admission des cidres en entrepôt* à

Paris : encore une chose qu'on avait oubliée, pendant nombre d'années, de réclamer, tout comme la loi de police sanitaire des chevaux.

M. Pouyer-Quertier est trop normand pour ne pas s'intéresser à cette mesure qui va diminuer de près de moitié le capital nécessaire pour faire le commerce des cidres à Paris et leur donner l'égalité de traitement — toujours les droits compensateurs — aux entrepôts de Bercy, où bon nombre de marchands de vins s'apprêtent déjà à s'y livrer sur une grande échelle.

Le Conseil municipal de Paris a autorisé l'entrepôt des cidres, dans sa séance du 8 août dernier. M. Poubelle, préfet de la Seine, après deux avis favorables de la commission des octrois, et, sur l'intervention de M. Hervé-Mangon, ministre de l'agriculture, a mis le plus louable empressement; de son côté, à provoquer cette utile décision réclamée, tout d'abord, dans un vœu du Conseil général, chaudement appuyé près du ministre, par M. Monod, préfet du Calvados.

Ce qui prouve que les députés républicains, non plus, ne se sont pas endormis, dans cette circonstance, c'est que le ministre avait entre les mains une pétition signée de 70 députés appartenant aux pays de production, et dont je publierai le texte. Cette pétition insistait surtout sur la nécessité de ne pas laisser traîner une question de telle importance, et sur l'urgence de la résoudre au profit de la récolte de 1885.

Le cœur de Normand de M. Pouyer-Quertier, dont le département est à la porte de celui de la Seine, devra tressaillir d'aise à la pensée qu'il y a là un débouché de plusieurs millions de francs en perspective, et des recettes importantes pour le Trésor et pour la ville de Paris.

La création du Herd-Book de la race cotentine.

Je pourrais lui rappeler, en outre, que la création du Herd-Book de la race cotentine, grosse de résultats pour la Normandie, dans l'avenir, est due à une initiative administrative partie du Calvados, et que j'y ai aidé de tout mon pouvoir.

Lorsque nous sommes allés au concours d'Amsterdam, avec nos beurres du Bessin, classés premiers sur tous les beurres exposés, n'était-ce pas pour conserver et, au besoin, pour ressaisir des exportations compromises par l'abus que certaines régions de France avaient fait de la margarine, au grand préjudice de la bonne renommée des beurres de Bayeux, de la Manche, et de ceux de Gournay (Seine-Inférieure), chers à M. Pouyer-Quertier ?

Et si nous avons pris part aux concours internationaux d'Anvers et d'Amsterdam avec nos plus beaux produits normands en chevaux et en bétail, n'est-ce pas pour favoriser nos exportations, qui sont en grande voie de progrès, pour les chevaux surtout ?

Je pourrais citer encore plusieurs exemples semblables. Ceux-ci suffisent je crois à la démonstration que j'entendais faire.

Prix de paresse agricole.

Voilà donc, en-dehors des devoirs parlementaires et de la menue monnaie de ce travail de député, qu'avec sa bonhomie normande et son abord facile, a dû connaître surtout l'honorable sénateur, les questions importantes, concernant l'agriculture, auxquelles il me reprochera, sans doute, d'avoir eu la simplicité de consacrer mon temps, depuis quatre ans.

D'après sa théorie, je n'aurais eu qu'à demander 100 francs de droits, par exemple, sur les bœufs, 10 francs sur les blés et 25 francs sur les farines, etc. J'aurais flatté les cultivateurs à tour de bras, fait une économie de beaucoup de fatigue, d'ennui, de paroles ; de beaucoup d'heures de chemin de fer ou de voitures dans les rues de Paris ; et le Syndicat agricole du Calvados, dans sa distribution annuelle, aurait pu m'offrir une couronne de laurier... pour m'être reposé huit mois sur douze.

Voilà pourtant à quelle réponse M. Pouyer-Quertier s'expose en produisant des théories aussi égoïstes, aussi exclusives et aussi électorales, bien que, par tempérament, il affecte de se tenir en dehors de la politique.

Inutilité des Syndicats agricoles d'après M. Pouyer-Quertier.

J'ai dit que la conférence de M. Pouyer-Quertier était la négation absolue du Syndicat agricole du Calvados, dont j'ai les statuts sous les yeux.

J'y lis en effet :

Article 1er. — Il a pour objet : 1° de fournir à ses membres des renseignements utiles sur l'achat et l'analyse des engrais, sur les machines et instruments agricoles, de créer, à cet effet, un organe de publicité, etc., etc.

Mais il me semble que le premier soin de M. Pouyer-Quertier a été de prouver l'inutilité des engrais chimiques, des machines agricoles, et de tout effort fait en vue de réaliser un progrès quelconque, en dehors des droits. C'est à peine s'il fait au cultivateur la concession de lui permettre de conserver l'outillage amélioré qu'il a pu acquérir.

Des droits, des droits et encore des droits ! Oui, certes, il en faut des droits ; car si toutes nos productions et toutes nos industries devaient être écrasées en détail, par suite des conditions plus favorables dont bénéficie l'étranger, il est clair, et, en cela, je suis de l'avis de M. Pouyer-Quertier, qu'il ne servirait à rien de payer bon marché si l'on n'avait pas le premier sou pour acheter.

Mais on ne peut mettre des droits qu'au fur et à mesure que leur nécessité est démontrée, et à la condition qu'ils servent à quelque chose au cultivateur, ce qui n'existe pas pour tous les produits indistinctement. Le devoir des hommes qui gouvernent le pays, ou qui y ont une part quelconque d'autorité, consisterait beaucoup moins, aujourd'hui, à faire un syndicat agricole politique, qu'à encourager la création de syndicats de consommation, c'est-à-dire de sociétés coopératives de consommation pour dédommager, et au delà, les classes laborieuses, des charges qui résultent toujours d'un droit si justifié qu'il puisse être.

C'est ce côté surtout que l'orateur aurait dû tenir à développer pour atténuer ce que sa thèse avait d'excessif et d'exagéré au point de vue de l'intérêt général.

Pour en revenir au premier article des statuts du Syndicat agricole, il me semble que la science agricole, qui compte dans le Calvados des hommes de la valeur de M. Morière, doyen de la Faculté des sciences, président de la Société d'agriculture de Caen, de M. Ditte, chargé des études de chimie agricole à la Faculté des sciences, peut mettre à la disposition des agriculteurs, des laboratoires un peu mieux installés que ceux du Syndicat agricole du Calvados, si tant est qu'il ait des laboratoires.

Chiffres fantaisistes et dénégations systématiques.

M. Pouyer-Quertier a entassé des montagnes de chiffres qui n'étaient même groupés qu'avec un art contestable, et il a passé son temps à vouloir prouver qu'on n'avait rien fait pour l'agriculture. J'arrive à la comparaison qu'il a essayé d'établir entre les droits payés par l'agriculture et ceux que supporte l'industrie. S'il s'était contenté de faire le parallèle entre ce que paye d'une part, la propriété rurale et, de l'autre, la propriété urbaine ou industrielle, rien de mieux. Mais il a produit une théorie fausse de tout point en invoquant les droits payés par le nombre, droits que nous payons tous indistinctement, et individuellement, urbains ou ruraux, ce qui n'a rien à voir avec les charges de la propriété rurale proprement dite : il n'est pas un esprit impartial qui ne le reconnaisse. Il est clair que 26 millions d'individus paient plus que 12 millions. Bien qu'il prétendît ne pas combattre l'impôt sur le tabac ou sur l'alcool, il est allé même jusqu'à se faire une arme véritable du café que l'on boit ou du caporal que l'on fume.

Il a nié, bien entendu, l'utilité des dégrèvements de 300 millions qu'on a faits, l'utilité de travaux, chemins de fer et autres, votés par la droite elle-même, chaque fois que cela l'intéressait, et qui donnent des résultats déjà, sans qu'on puisse repro-

2

duire comme une dépense annuelle le prix qu'ils ont coûté au début.

Il a passé sous silence les subventions données à l'agriculture sous forme d'encouragements, non stériles ceux-là, et qui ont fait tripler le budget de ce ministère depuis l'Empire. Il s'est bien gardé de rappeler que la Chambre qui s'en va a voté, en outre des droits compensateurs sur les céréales et le bétail, un droit de protection efficace sur la betterave, pour sauver notre productton sucrière, et qu'elle a modifié l'assiette de l'impôt perçu sur cette racine.

En revanche, il n'a cessé d'exciter les campagnes contre les villes, en invoquant les drois du nombre, ce qui trahissait chez lui les préoccupations électorales qui l'animent avant tout.

Il ne tient compte ni des traités de commerce existants, qui permettent d'éluder les droits qu'on pourrait mettre sur certains produits agricoles, en les laissant entrer sous une autre forme, comme la viande abattue, les huiles, par exemple. Il ne tient pas compte davantage des charges de l'Etat, doublées par la guerre de 1870 ; il néglige même celles qu'aucun gouvernement n'a jamais pu éviter et qui, sous tous les régimes exigeront toujours les mêmes ressources. Peu lui importe, il n'a qu'un objectif, exciter à la haine et au mépris de nos institutions en laissant entendre que le fisc est plus rapace qu'il ne le serait sous un régime quelconque.

C'est une politique révolutionnaire au premier chef, et une politique qui étonne d'autant plus, que c'est un prétendu conservateur doublé d'un ancien ministre des finances qui la fait.

La concurrence étrangère du bétail et la statistique.

Ce qui m'a paru le plus singulier, après les discussions très-sérieuses et très-approfondies qui ont eu lieu dans les deux Chambres, c'est de voir présenter d'une façon plus inquiétante, en quelque sorte, la question du bétail, au point de vue de la concurrence étrangère que celle des céréales, quand c'est le contraire qui est vrai. Les droits n'ont rien à voir, bien entendu, avec les années de sécheresse, qui, comme celle-ci, peuvent causer un si grand préjudice aux herbagers. Et l'on peut établir, chiffres et preuves en main, que si l'augmentation des droits votés sur le bétail avait sa raison d'être, elle constituait beaucoup plus une mesure préventive qu'elle ne répondait à une véritable invasion étrangère qui n'existe pas encore. Mais pour les céréales il n'en était pas de même. Je ne demande pas mieux pour ma part de faire plus encore pour le bétail, mais à condition qu'il me soit démontré que je n'abuse pas les cultivateurs eux-mêmes avec un droit illusoire. C'est cela seulement que je me propose d'étudier.

Les statistiques auxquelles M. Pouyer-Quertier fait appel, en les présentant à sa façon ou bien en omettant celles qui sont contraires aux intérêts politiques qu'il défend, prouvent qu'on consomme beaucoup plus de viande qu'on n'en consommait aux époques qu'il invoque, sans que les entrées de gros bétail aient augmenté en France, et aient atteint, jusque-là, un chiffre inquiétant, si on le compare à notre consommation dont je donne plus loin les chiffres, et à notre population bovine tout entière.

Les affirmations de M. Pouyer-Quertier sont un véritable trompe-l'œil.—Du reste, je publie à la fin de cette réponse, les tableaux de statistique officiels.

M. Pouyer-Quertier a dit que nous avions 1,400,000 têtes de gros bétail de moins qu'en 1862, année de statistique décennale.

Or, les statistiques décennales sont les plus complètes, car elles comprennent les *veaux* de six mois à un an que ne donnent pas les statistiques annuelles, et c'est justement d'une statistique annuelle que M. Pouyer-Quertier prétend tirer ses chiffres pour prouver la diminution du bétail.

La différence entre les deux statistiques est facile à saisir, en opérant sur cette même année 1862.

Si on l'envisage comme statistique annuelle (d'après Block), elle nous donne : 10,955,273 de têtes. Comme statistique décennale, y compris les veaux, elle donnait 12,811,589.

C'est sur ce dernier chiffre, évidemment, que s'appuie M. Pouyer-Quertier pour comparer notre population bovine d'alors avec les chiffres fournis par les statistiques annuelles des dernières années.

La statistique décennale de 1882 sera publiée prochainement. Mais des renseignements officiels, pris au ministère, à la Direction de l'agriculture, me permettent, dès à présent, d'affirmer que la population bovine, en France, a augmenté effectivement depuis 1862, de plusieurs centaines de mille têtes, bien qu'il y ait des causes de diminution apparente non inquiétantes qu'il est utile d'expliquer pour être exact, et auxquelles le conférencier s'est bien gardé de faire allusion.

On pourrait trouver ces causes dans l'augmentation du poids de certaines races, mais surtout dans l'élevage plus rapide de quelques races, grâce à certains croisements intelligents, dont il est bon de ne pas se désintéresser, quelque importants que puissent être les droits à l'entrée.

Je suppose que des bœufs ne soient venus qu'à quatre ans; il est clair que, pendant quatre ans, il naîtra plus d'animaux que pendant trois ans. Si j'arrive à gagner un an sur la production, ce qui est le cas d'une partie de notre race bovine aujourd'hui, je vendrai plus vite et j'aurai moins de têtes de bétail à la fois.

Il en est de même pour les moutons, dont le nombre a plus diminué encore en Allemagne, en Autriche, en Hongrie et en Hollande qu'en France, et dont M. Pouyer-Quertier prétend attribuer la diminution, chez nous, uniquement aux importations de l'étranger, sans tenir compte davantage du grand nombre de ces animaux livrés à la boucherie beaucoup plus tôt qu'autrefois. Le poids des moutons indigènes consommés en France, a plutôt augmenté que diminué.

C'est ce qui a été constaté dans la discussion qui a eu lieu à la Chambre des députés. Je donne les chiffres officiels plus bas.

Les importations de moutons ont augmenté, cela est vrai ; mais est-ce bien à cause de la concurrence étrangère proprement dite, ou n'est-ce point nous qui, par la modification de nos cultures, la suppression des bruyères, des jachères, des terres en friche, l'avons provoquée en consommant plus de viande qu'autrefois?

Nous avons, quoi qu'en dise M. Pouyer-Quertier, augmenté la production du bétail. Nous pourrions en produire beaucoup plus encore, mais toutes les modifications utiles apportées à notre culture, nous empêchent de suivre la même progression pour le mouton. Il est clair que si nous voulons manger plus de viande mouton, il nous faut bien le faire venir du dehors.

Encore un renseignement que M. Pouyer-Quertier a oublié de fournir à son auditoire.

Voici la progression de la consommation de la viande par tête d'habitant :

1852. . . . . . . 19 kil. 560

1862.	23 kil. 860
1873.	24 kil. 650
1881.	27 kil. 380

Voici maintenant les chiffres en poids de la production indigène consommée en France, en 1862 et en 1881.

1862.	Viande de bœuf,	475,000,000 kil.
	de mouton,	112,050,000 kil.
1881.	Viande de bœuf,	533,000,000 kil.
	de mouton,	112,872,000 kil.

Il y a donc près de 60 millions d'augmentation de la consommation pour la viande de bœuf indigène, sans que nos importations de gros bétail aient augmenté, quoi qu'on en dise. On peut voir par le tableau final, en effet, que nos importations ont diminué l'année dernière, puisqu'elles comptent environ 20,000 têtes de moins en 1884 qu'en 1883, rien que sur les bœufs, et que, dans tous les cas, elles n'ont pas encore pris de proportions alarmantes, quant aux quantités. Je ne crois pas, du reste, qu'elles puissent nous menacer sérieusement.

En fût-il autrement, nous sommes toujours maîtres de nos tarifs pour la viande sur pied.

Les bœufs d'Amérique.

M. Pouyer-Quertier s'est appesanti surtout sur l'arrivée d'un convoi assez considérable de bestiaux américains, et qui comportait 250 têtes. Ces animaux ont été vendus, malgré les frais et la fatigue du voyage, le prix de nos meilleurs bœufs français, j'en conviens. Je dirai à cela : n'y-a-t-il pas eu un peu de curiosité dans la faveur dont ont joui des animaux auxquels le voyage donne journellement une affection des jambes qui, se tournant en fièvre, empêche parfois la conservation de la viande, en été surtout ?

Encore un point à résoudre.

Toujours est-il qu'il y a eu un arrivage de 250 animaux américains. Etaient-ils dirigés sur la France? Les renseignements que j'ai pris me permettent de croire que cet envoi a été tout simplement le contre-coup du trop plein du marché de Londres.

Nous avons reçu assez peu d'animaux américains, jusqu'à présent, puisque la plus grande partie des arrivages de bestiaux ont lieu du côté de l'Italie dans certaines contrées du Midi presque complètement dépourvues d'élevage.

Il n'y a donc, dans cet arrivage de La Villette, qu'un fait isolé, jusqu'à présent, dont il faudrait, il est vrai, tenir compte dans l'avenir, s'il se reproduisait. Mais la meilleure preuve que ce fait est nouveau, c'est l'importance qu'on y a attachée et le bruit qu'il a fait.

Toutefois, il me sera permis de constater que, fort heureusement, si les blés étrangers sont entrés dans la proportion de près de 50 0[0 dans certaines années, l'entrée du bétail étranger ne s'est produite que dans la proportion des échanges courants entre les différents pays. Si peu versé qu'on soit dans les matières économiques, on ne saurait méconnaître que, pour qu'un droit puisse être établi d'une façon utile. c'est lorsqu'un pays subit une véritable invasion, et non pas quand il se suffit presque complètement à lui-même, comme cela arrive pour le bétail, ainsi que je l'ai démontré.

De plus, l'Angleterre invite le bétail étranger à entrer, tandis que nous ne laissons entrer qu'en payant les droits. Il n'y a donc pas de comparaison à établir entre ce qui se passe en Angleterre et ce qui a lieu chez nous.

Les erreurs de M. Pouyer-Quertier sur l'élevage du cheval en France.

M. Pouyer-Quertier a fait un autre calcul tout aussi peu exact. Il a dit : « Je mets un bœuf par chaque hectare, pour lequel je paye 20 fr. d'impôt. J'élève mon bœuf en 3 ans ; c'est donc un droit de 60 fr. qu'il me faudrait. » Je ferai remarquer, d'abord, que dans les fonds assez bons pour payer 20 francs de droits, on met plus d'un bœuf à l'hectare. On en met deux pendant un certain temps, et, plus tard, trois dans deux hectares. D'après le calcul de M. Pouyer-Quertier lui-même, ce serait donc, de 35 à 40 fr. de droits environ et non 60.

Or, nous sommes déjà à 25.

Encore un effet de chiffres manqué et une inexactitude.

La prétention de M. Pouyer-Quertier, on le voit, c'est de demander indistinctement sur tous les produits agricoles, un droit équivalent aux impôts dont ils sont grevés ; et cela, sans se préoccuper de savoir si l'industrie ne va pas élever demain la même prétention, s'il n'y a pas encore des produits qui donnent des bénéfices et auxquels nous n'avons pas intérêt à faire fermer nos marchés; et si nous n'arriverions pas, avec ce système, tout d'une pièce, à un désarroi commercial énorme, car la France a encore une exportation de plusieurs milliards.

Je n'irai pas choisir loin mon exemple.

M. Pouyer-Quertier, pour imager son discours et frapper les cultivateurs du Calvados, a voulu, lui aussi, jouer du cheval, et il a commis des erreurs dangereuses. Il a attribué aux importations de chevaux de l'étranger le marasme de notre élevage. Il a additionné les chiffres des importations de chevaux en France depuis treize ans, pour arriver à grouper un certain nombre de millions.

Il n'y a qu'un malheur à tout cela, c'est que c'est tout simplement l'insuffisance du nombre des étalons et du prix des chevaux de remonte sous l'empire, qui nous a laissé sans chevaux en 1870. Depuis, ce sont les conséquences de la guerre qui, jointes aux causes que je viens d'indiquer, ont favorisé les importations de l'étranger. Ces conséquences se sont fait sentir jusqu'en 1882, époque à laquelle notre élevage, mis en valeur par la loi de 1874, a vu augmenter successivement l'exportation de ses produits. Pourquoi M. Pouyer-Quertier, au lieu d'essayer d'effrayer les éleveurs pour l'avenir, a-t-il jugé à propos de s'arrêter en 1883, au lieu de poursuivre ses recherches sur notre commerce de chevaux jusqu'en 1884? Il aurait pu voir que nous en avons exporté 3,500 de plus en 1884, que nous n'en avons importé. Comme les chiffres de nos exportations allaient croissant depuis plusieurs années, tout en étant encore inférieurs à ceux des importations, il eût dû avoir la curiosité de connaître le chiffre de 1884. Il était défavorable à sa thèse, il ne l'a pas connu.

Quant à ces prétendus achats du Gouvernement à l'étranger, à l'occasion desquels il a produit des chiffres, si fantaisistes parfois, ils n'ont pour objet aujourd'hui que l'acquisition de quelques chevaux de cinq et six ans qu'on a toujours du mal à trouver, et ils vont cesser complètement l'année prochaine.

Du reste, ces achats n'ont jamais eu lieu depuis plusieurs années, lorsqu'ils se sont produits, qu'en France où les vendeurs étrangers eux-mêmes étaient obligés de les amener.

En ce qui concerne des achats en bloc, par lots, à l'étranger, dont M. Pouyer-Quertier a parlé, c'est sous l'empire, en Hongrie, qu'ils ont eu lieu; il est bon de le lui rappeler. C'était le *Dépôt de remonte de Caen*, sous la direction du colonel Guépratte, qui en était chargé.

CONCLUSION.

En somme, qu'est-ce que M. Pouyer-Quertier est venu faire à Caen?

Aider à la fondation d'un syndicat agricole?

Mais j'ai démontré que les théories soutenues par lui sont la négation de ce que comporte un véritable syndicat agricole, puisqu'il a tourné en ridicule, alternativement, tous les moyens que peut préconiser ou employer une association de ce genre. Il n'a fait miroiter que des droits exorbitants aux yeux des agriculteurs. Et cet appel, pour des raisons particulières, n'est pas aussi désintéressé de sa part qu'il voudrait le faire supposer; car, évidemment, il voudrait faire proclamer, aux élections, par les 26 millions d'habitants composant la population des campagnes, un principe absolu, tout d'une pièce, en matière de droits, pour s'en prévaloir immédiatement, à son point de vue industriel.

Avait-il, en venant dans le Calvados, à critiquer, au point de vue agricole, les votes des députés républicains de notre département de façon à justifier son voyage, lorsqu'il a dit : Ne nommez que des députés qui demandent des droits, cela suffit ?

Mais je lui ferai remarquer que non-seulement les députés républicains du Calvados, comme ceux de la Seine-Inférieure, ont voté le relèvement des droits de douane quand il s'est imposé, mais, en outre, qu'ils ont pris, depuis quatre ans, l'initiative pour résoudre ou soulever partout où cela était nécessaire, de concert avec les administrations républicaines ou avec le gouvernement, nombre de questions importantes auxquelles les députés réactionnaires du Calvados n'avaient jamais songé, dans la législature qui finit et dans celles qui l'ont précédée, pas plus que l'honorable M. Pouyer-Quertier lui-même.

J'ai cité l'entrepôt des cidres à Paris, la loi de police sanitaire des étalons, qui arrivera à s'appliquer aux juments dans une large mesure.

Je puis rappeler encore la très-sérieuse application de la loi sur les enfants protégés dans notre département, résultat social et agricole au premier chef; les services rendus par la Commission hippique du Calvados; la création d'une commission agricole constituée fort à propos par notre administration préfectorale, au moment de la discussion des droits à la Chambre.

Je rappellerai également la brillante réussite du Concours régional de Caen en 1883; les succès de nos chevaux, de nos cotentins, de nos beurres aux expositions internationales agricoles d'Amsterdam et d'Anvers.

Si les exposants ont eu une large part dans le succès, le Gouvernement et les Administrations républicaines y avaient bien quelque peu aidé par leurs encouragements.

M. Pouyer-Quertier compte-t-il pour rien la création républicaine d'un ministère spécial de l'agriculture par Gambetta, et croit-il qu'on eût fait le quart de tout cela si le chef de ce Département, débarrassé du portefeuille du commerce, n'eût pu se consacrer exclusivement au progrès de l'industrie agricole, la plus négligée de toutes jusqu'alors, malgré les belles paroles et les *mamours* que lui ont toujours faits la monarchie et l'empire?

L'agriculture a été prospère à certaines époques, dites-vous.

A cela on peut répondre qu'elle a eu des hauts et des bas, de tous temps.

Toutefois, aurait-elle été plus prospère autrefois, ce n'était pas une raison pour n'en pas stimuler le progrès. Si on eût fait pour elle, il y a longtemps, ce qu'on eût dû faire, elle eût eu plus de ressources pour passer les mauvais jours. La théorie de la fourmi de la fable s'applique aussi bien à l'économie rurale qu'aux saisons.

D'un autre côté, n'y a-t-il pas en préparation d'importants projets de lois sur le crédit agricole et sur l'organisation de chambres d'agriculture, qui pourront avoir une tout autre action que le Syndicat agricole du Calvados, et qui seront certainement votés dans la prochaine législature?

Ajouterai-je que le ministre de l'agriculture a, en même temps, sur les bras, la terrible question du phylloxéra qui ruine une partie de la France?

*
* *

Pour prouver à M. Pouyer-Quertier qu'il n'est guère de questions concernant l'agriculture qui ne nous préoccupent dans le

Calvados, je lui ferai savoir, car il l'ignore peut-être, que, dans sa propre ville, le congrès pomologique de Rouen, l'année dernière, sur une proposition de MM. le Dr Denis-Dumont, l'auteur du travail si intéressant sur les qualités hygiéniques du cidre, Morière, doyen de la Faculté des sciences, H. Lesueur et moi, a exprimé le vœu que les droits considérables établis à Paris sur les cidres soient abaissés. Or, avec la faculté d'entrepôt à Paris, ce sera la population parisienne elle-même qui aura intérêt à résoudre rapidement cette question qu'elle a le droit de traiter autrement que par des vœux souvent platoniques.

Puisque je parle de la Seine-Inférieure, j'ai un dernier fait à signaler.

M. Pouyer-Quertier veut défendre l'agriculture, dit-il.

Moi je réponds : il vient faire de la politique, de la mauvaise politique, et une agitation agricole néfaste.

En effet, l'exagération de ses chiffres et de ses remèdes serait capable d'empêcher de prendre au sérieux la crise agricole si elle n'était pas trop réelle.

Et la preuve que M. Pouyer-Quertier ne fait que de la politique, c'est que bien qu'il soit sénateur, il va se présenter, paraît-il, à la députation dans la Seine-

Inférieure, avec M. Lizot, un autre sénateur de ce département.

Est-ce pour donner à la Chambre l'appui de sa parole à une cause qui serait mal défendue dans la Seine-Inférieure par les députés républicains actuels ?

En aucune façon, tous ont voté les droits.

Bien plus, l'agriculture n'a eu qu'à se louer de l'intervention de plusieurs d'entre eux au Parlement.

N'est-ce pas, en effet, MM. Félix Faure, député de la 2e circonscription du Havre, et Chevalier, député d'Yvetot, qui ont pris avec succès la parole, à la Chambre, en 1882, pour faire augmenter les subventions à l'élevage du bétail, de façon à reconstituer ou conserver, au moyen d'un Herd-Book, les races locales qui n'ont pas de livre généalogique ?

N'est-ce pas avec cet argent et quelques subventions départementales, qu'on a fait face aux premiers frais dans le Calvados, où notre préfet, M. Monod, avait pris activement l'initiative en ce qui concerne la région normande ?

Voilà pourtant les députés que M. Pouyer-Quertier voudrait renverser.

*
* *

Un autre exemple prouve mieux encore que M. Pouyer-Quertier s'est fourvoyé dans le Calvados, où est le siège de la Société d'encouragement du cheval français de demi-sang.

J'apprendrai à M. Pouyer-Quertier, qui me paraît ignorer bien des choses dans l'histoire agricole de la Normandie, que c'est justement mon ami et collègue Waddington, député de Rouen, qui était rapporteur du budget de l'agriculture quand la commission du budget, sur une proposition émise par lui, d'accord avec Gambetta, alors président de cette commission, doubla presque, d'un coup, le budget de la Société d'encouragement.

C'est grâce à cette circonstance, à la réorganisation de l'hippodrome de Vincennes, qui en a été la conséquence, qu'on a pu, en aussi peu de temps, réaliser les étonnants progrès qu'on constate chaque année.

Et c'est au Calvados que le sénateur de la Seine-Inférieure vient demander de se solidariser avec lui, au nom de prétendus intérêts agricoles, pour empêcher M. Waddington, le rapporteur de l'agriculture de 1878, tout aussi partisan que lui des droits possibles, de rentrer au Parlement. J'avais bien raison de dire, on le voit, que M. Pouyer-Quertier s'était fourvoyé à la salle Bertrand.

Ce que je dis pour les députés républicains de la Seine-Inférieure, je puis le dire également pour les représentants républicains de tous les départements de Normandie, qui ont voté dans le même sens, et professent, vis-à-vis, de l'agriculture, les mêmes sentiments.

Cependant on aura le singulier spectacle de voir M. Pouyer-Quertier, *qui ne fait pas de politique*, soutenir aux élections, dans l'Eure, département avec lequel il a certaines attaches, son ami M. Raoul Duval, député de Bernay, car, on n'a pas oublié que M. Raoul Duval est, et a été, à la Chambre des députés, l'adversaire le plus acharné du relèvement des droits de douanes.

M. Pouyer-Quertier combattra donc, par la même occasion, M. Develle, député de Louviers, qui a défendu l'agriculture à la Chambre, dans un magnifique discours dont l'effet a puissamment contribué, de l'avis de tous, au relèvement des droits.

Mais, M. Pouyer-Quertier ne fait pas de politique !

Le but de M. Pouyer-Quertier dévoilé.

J'ai rappelé à M. Pouyer-Quertier ce que ses amis et lui ont oublié de faire pour l'agriculture, et je lui ai fait connaître, pour qu'il n'en ignorât, ce que nous avons fait, nous, depuis quatre ans seulement que nous sommes au Parlement; car le Calvados avait commis, en 1877, la faute de ne pas nommer un seul député républicain.

M. Pouyer-Quertier connaîtrait bien mal ses compatriotes, s'il croyait que, sans motifs, et par l'effet d'une seule conférence qui cachait le cotonnier sous l'agriculteur, s'il croyait, dis-je, que notre département, dans lequel les députés républicains réunissaient déjà plus de 5,000 voix de majorité en 1881, va s'enrôler tout à coup, et cela au détriment de ses intérêts, au service d'un de ces trois ou quatre gouvernements innommés, indéfinissables, dont les partisans divisés se combattent les uns les autres, que représentaient autour de lui les futurs candidats réactionnaires groupés sur l'estrade de la salle Bertrand.

Veut-on la preuve indéniable qu'il n'y avait qu'une mise en scène agricole dans la conférence de M. Pouyer-Quertier? C'est l'*Univers*, le journal le plus ultramontain et le plus fanatique de France, qui va nous la fournir. Nous lisons dans le long compte-rendu de la conférence de Caen, publiée par ce journal.

Extrait de l'*Univers* du 8 août :

« Poursuivant vaillamment sa campagne pour l'agriculture, — ce qui revient à dire contre la République — M. Pouyer-Quertier est venu lundi dernier, deuxième jour des Courses de chevaux, faire une conférence à Caen.

« Il avait été invité de longue date par M. l'abbé Garnier, l'apôtre des œuvres ouvrières de la contrée, dont les nombreux amis désiraient que la puissante parole du grand agitateur normand inaugurât le Syndicat agricole du Calvados, nouvellement fondé par eux. »

Or, l'abbé Garnier a été l'inspirateur en chef du *Causeur normand*, le créateur de la salle Bertrand ; c'est le prêtre passionné, violent, qui faisait injurier, dans son journal, les candidats républicains du Calvados aux élections de 1881.

Assez d'agriculture comme cela, n'est-ce pas, M. Pouyer-Quertier?

Aux électeurs maintenant à juger !

Quant à nous, nous acceptons la discussion publique sur le terrain agricole et politique avec les candidats de M. Pouyer-Quertier, partout où ils consentiront à l'engager avec nous pendant la période électorale.

Le dernier mot aux Electeurs.

C'est en donnant la note vraie, sincère, exacte, et non en employant des chiffres et des arguments de convention, qu'on pourra réellement, avec de la persévérance, rendre confiance à l'agricultnre, et lui donner les moyens de vivre d'abord, de prospérer ensuite.

« Ne nommez que des députés complètement à vous et qui s'engageront à voter tous les droits que j'indique, s'est écrié, au moins dix fois, M. Pouyer-Quertier au cours de sa conférence ; vous êtes le nombre ; écrasez vos adversaires par le nombre. »

Je suis complètement de l'avis de M. Pouyer-Quertier.

Les électeurs doivent nommer des députés décidés à venir en aide à l'agriculture, et surtout ceux qui ont fait leurs preuves. Voilà pourquoi, nous députés républicains du Calvados, qui les avons faites d'une façon beaucoup plus complète encore que M. Pouyer-Quertier, nous attendons avec confiance le verdict du suffrage universel.

Edmond HENRY,

Député du Calvados.

Membre du Conseil supérieur des Haras.

IMPORTATIONS ET EXPORTATIONS DU BÉTAIL

(Commerce spécial.)

IMPORTATIONS.

Années.	Bœufs.	Vaches.	Taureaux.	Bouvillons et taurillons.	Génisses.	Veaux.	Béliers, brebis et moutons.	Porcs.
	Têtes.	Têtes.	Têtes.	Têtes.	Têtes.	Têtes.	Têtes.	Têtes.
1871	82.101	79.632	827	4.507	5 201	35.797	1.313.554	233.399
1872	75.342	65.536	694	6 669	8.017	39.015	1.740.046	157.249
1873	57.623	51.958	952	6.369	5.185	29.886	1.578.751	74 700
1874	24.482	46.882	1.166	4.558	3.231	45.269	1.136.707	81.045
1875	33.544	50.422	1.347	5.356	3.697	40.810	1.294.360	76 836
1876	70.694	60.600	1.539	4.822	3.182	50.616	1.574.850	129.803
1877	104.994	75.533	1.431	6.873	5.597	48.371	1.519.031	146.294
1878	134.738	97.419	2.583	8.434	8.131	54.487	2.343.288	130.063
1879	107.120	79.919	2.535	5.917	6.785	51.175	2.023.749	146.927
1880	68.384	65.431	1.902	5.311	4.805	50.681	2.078.471	164.152
1881	54.133	44.093	1.794	2.953	2.139	45.230	1.711.964	167.611
1882	77.612	50.104	1.724	4.278	4.204	56.573	2.156.016	99.148
1883	76.431	62.981	1.904	7.290	7.069	60.151	2.277.827	74.588
1884 (*)	56.091	51.327	2.313	8.677	7.645	50.708	2.100.155	69.469

(*) Chiffres provisoires.

EXPORTATIONS.

Années.	Bœufs	Vaches.	Taureaux.	Bouvillons et taurillons.	Génisses.	Veaux	Béliers, brebis et Moutons.	Porcs.
	Têtes.	Têtes.	Têtes.	Têtes.	Têtes.	Têtes.	Têtes.	Têtes.
1871	3.373	6.011	25	184	214	2.768	32.388	9.312
1872	10.548	13.766	209	167	816	7.652	58.977	68.232
1873	18.873	18.976	517	345	813	16.314	60.692	188.992
1874	25.349	24.578	1.203	932	2.524	21.365	64.007	172.282
1875	31.149	36.163	1.299	1.086	4.015	24.136	78.895	127.555
1876	28.153	39.677	978	855	3.792	18.620	70.291	103.236
1877	29.865	28.655	1.057	386	2.278	14.264	57.698	64.749
1878	22.271	21.419	610	234	2.056	11.924	38.512	54.449
1879	16.999	13.660	464	386	1.817	9.220	32.004	62.571
1880	19.956	22.259	953	893	4.984	10.262	31.978	41.359
1881	27.531	30.455	1.306	1.064	5.058	10.651	31.306	41.050
1882	40.819	29.355	1.022	1.222	4.223	8.990	30.434	50.225
1883	28.385	27.486	754	347	3.277	8.118	28.288	79.280
1884 (*)	22.841	22.836	728	263	5.417	11.444	25.886	104.975

(*) Chiffres provisoires.

Caen, Typ. F. Le Blanc-Hardel,